MAX BUCHON

LES

FROMAGERIES

FRANC-COMTOISES

Prix : 20 centimes.

SALINS,
BILLET, LIBRAIRE.

LONS-LE-SAUNIER,
MARMORAT, LIBRAIRE.

BESANÇON,
BAUDIN ET GÉRARD, LIBRAIRES.

1866

LES FROMAGERIES

FRANC-COMTOISES

I

Historique de la question.

L'enquête agricole semble être une bonne occasion pour reparler un peu de nos fromageries franc comtoises, quoiqu'en somme, le questionnaire officiel ne dise rien de ces institutions si importantes pour nos départements de l'Est. Au fond, ce silence du questionnaire est moins à regretter qu'on ne pourrait le croire. — A l'impossible nul n'est tenu, dit le proverbe; or, bien des gens pensent que l'administration n'a nullement le devoir d'intervenir dans l'organisation intérieure de nos fromageries. Il en est même qui lui dénient ce droit, en vertu de cette autre maxime : — Faut de l'administration, pas trop n'en faut. Par une circulaire en date du 12 août 1864, M. le Préfet du Doubs mit à l'étude cette question de nos fromageries, en nommant une commission chargée de préparer un projet de loi à proposer à la sanction du Corps législatif, quand viendrait la discussion du code rural. Je me permis alors d'intervenir dans le débat, au moyen de deux articles, critiques et théoriques, publiés dans la *Franche-Comté* du 19 et du 27 septembre 1864. Le 12 octobre un des membres de la commission prit la peine de me réfuter. Je répliquai dans le même numéro. Le 4 novembre, un magistrat, M. Colin, juge de paix de Pontarlier, me fit le même honneur. Le 25 je répliquai à nouveau, et mon intervention en resta là. N'ayant eu à payer les frais de la guerre ni dans l'un ni dans l'autre cas, j'en conclus que je restais maître du champ de bataille. Ecartons bien vite tout reproche d'outrecuidance, en ajoutant que, dans ces débats, j'étais simplement le secrétaire de deux ou trois cultivateurs, en l'intelligence pratique desquels j'ai toute confiance. Dans son numéro du 15 août 1865, la *Franche-Comté* publiait le programme que venait de se tracer à elle-même la commission, et ledit journal du 30 août 1865, donnait enfin le procès-verbal des conclusions de la commission, avant de se dissoudre. Ajoutons que l'an dernier l'Académie de Besançon mettait au concours le même sujet, en offrant une médaille de 300 fr. à qui lui fournirait le meilleur mémoire sur nos fromageries, laquelle médaille a été gagnée par le second de mes contradicteurs, qui avait seul répondu à cet appel ; et ainsi se trouvera complet l'historique de l'affaire, depuis qu'elle a été mise sur le tapis par M. le Préfet du Doubs, le 12 août 1864.

Je viens de relire d'un bout à l'autre les diverses pièces ci-énoncées dont j'ai conservé soigneusement le dossier ; or, je puis dire que mes convictions préalables sont sorties du feu de la discussion plus fermes et plus affirmatives que jamais. En voici le résumé :

I. Nos fromageries ne pèchent que par leur organisation intérieure, à laquelle l'administration n'a rien à voir, si ce n'est peut-être à titre de conseillère.

II. Il suffirait de redresser cette organisation intérieure pour que nos fromageries rentrassent sous le régime commun du code de commerce, ce qui nous dispenserait d'aller réclamer du Corps législatif une législation spéciale, dont il est fort douteux, du reste, qu'il admette la nécessité.

Voilà ce qu'il me reste à établir, en résumant ici la discussion commencée il y a deux ans dans la *Franche-Comté* à Besançon. J'en élague, naturellement, la partie polémique qui a perdu tout à propos, depuis que la question tend à devenir une simple invitation, un désir, un conseil, que chacun est libre d'accepter ou de rejeter. En pareille affaire les polémiques personnelles valent cependant mieux que leur réputation, éveillant plus vivement l'attention publique, toujours charitablement en quête de petits scandales. Où est le si grand mal que les contradicteurs échangent entre eux quelques horions, nécessairement peu meurtriers, si, à ce prix, ils réussissent à passionner un peu le public pour ou contre le problème en discussion?

II

Historique de nos fromageries.

L'importance de nos fromageries n'a plus besoin d'être démontrée. Au point de vue statistique la commission établit que les seuls départements du Doubs et du Jura, en comptaient déjà douze cent cinquante en 1854, lesquelles produisaient annuellement plus de douze millions de francs. Depuis douze ans, cela n'a fait qu'augmenter. La rapidité avec laquelle ces associations se propagent dans la plaine, démontre assez combien ont à s'en applaudir toutes les localités qui en sont pourvues, et cette institution a cela de particulier, que plus elle se développe au loin, mieux s'en trouvent ses établissements d'ancienne date, car, plus ses produits se multiplient, plus ils sont recherchés, plus la consommation s'en généralise. En sus de leurs produits directs, les fromageries impliquent la multiplicité du bétail, dont le prix est à peu près toujours à la hausse; et, par suite, l'abondance des engrais, condition obligée de la richesse des herbages. De là aussi la prospérité de nos montagnes, bien supérieure à celle de la plaine, qui (mis hors de cause les vignobles), n'a de ressources spéciales que la production bien moins lucrative des céréales. — Toujours moins de blé, et toujours plus de fromage, voilà donc la règle de conduite qu'impose de plus en plus la force des choses à nos cultivateurs intelligents.

— Le mode de fabrication de nos fromages dits de Gruyère, est très-certainement d'origine suisse, comme cette appellation l'indique. Gruyère est une bourgade qui donne son nom au district tout pastoral de la Gruyère dans le canton de Fribourg. On y voit encore en pleine conservation le castel des comtes de Gruyère qui portaient une grue sur leur écusson héraldique.

On dit en Suisse : la verte Gruyère, comme on dit : la verte Erin en parlant de l'Irlande.

En Suisse, l'exploitation des pâturages alpestres s'est faite de tout temps au moyen de troupeaux d'une cinquantaine de vaches, au compte d'un seul tenancier, soit comme propriété directe, soit en vertu d'une location temporaire. Les fromagers montagnards prennent à bail les pâturages quand ils n'en sont pas propriétaires, et si leur troupeau ne suffit pas à la fabrication d'un fromage, ils le complètent pour la saison d'été, en amodiant des vaches dans les vallées. Le même système d'amodiation, tant pour les pâturages que pour le bétail, se pratique aussi dans nos contrées du Haut-Jura.

— En Suisse, dit Gotthelf, le célèbre romancier bernois, dans son roman de la *Fromagerie*, on n'a fait longtemps du fromage que pendant l'été, dans les chalets de montagne. Les habitants de la plaine s'imaginaient que leurs herbes y étaient impropres. De leur laitage, ils ne tiraient guère que du beurre, et le peu de valeur que ce beurre avait alors est indiqué par les deux vers suivants, gravés à la manière allemande sur la porte d'un paysan :

Homme, rappelle-toi prudemment à toute heure,
Que trois batz aujourd'hui vaut la livre de beurre.

(Les trois batz valaient 45 centimes). Dans ce temps-là, de la saint Michel à Carnaval, continue Gotthelf, les cochons de bonnes maisons ne vivaient presque que de crême, et l'on jetait une quantité de lait dans le trou à purin, etc.

La Gruyère, même autrefois, n'était qu'un des nombreux centres de production fromagère, chez nos voisins, tous les versants des Alpes ayant été couverts de chalets, de temps immémorial, aussi bien dans la Suisse allemande que dans la Suisse française; seulement, ce même produit qui porte chez nous l'appellation générique de fromage de Gruyère, porte celle de fromage de l'Emmenthal, en Allemagne et en Russie, où les cantons allemands en exportent d'énormes quantités.

Que la fabrication ait été longtemps exclusive aux chalets personnels de montagne, c'est un fait qui résuite des innombrables *Ranz des vaches* qui remplissent la littérature populaire de la Suisse, et notamment de la Suisse allemande. Le ranz des vaches n'a plus de raison d'être, avec le régime de stabulation du bétail, corollaire à peu près obligé de la fabrication par associations communales, système plus moderne, qui, en Suisse, date à peine d'une quarantaine d'années.

— C'est vers 1820, dit encore Gotthelf, que le colonel Rodolphe d'Effinger fonda à Kiesen, la première association fromagère du canton de Berne, laquelle y fut d'abord fort mal accueillie, en tant que nouveauté. Ce qui était alors nouveau dans le canton de Berne, devait l'être aussi dans le canton limitrophe de Fribourg. C'est donc à partir de 1820 (ou 1815), que les sociétés fromagères s'y propagèrent, dans la plaine et dans les vallées, avec une rapidité extrême.

— Dans l'Emmenthal, district du canton de Berne, ajoute Gotthelf, il se fabrique actuellement des fromages de 150, 200, et même 250 livres, à destination de l'Allemagne et de la Russie, où les droits d'entrée se paient par pièce et non au poids.

— Maintenant si nous nous replions sur nous-mêmes, nous constatons, avec M. Louis Bouvard, de Pontarlier, avocat à Besancon, qu'il existait déjà aux environs de Pontarlier, des fromageries sociétaires avant 1751. D'autres citent des dates encore plus éloignées. Nos sociétés fromagères sont donc plus anciennes que celles de la Suisse. Au fait, la rigueur du climat sur nos plateaux ne laissant d'autre industrie agricole à nos montagnards que l'exploitation du bétail, il est fort vraisemblable qu'ils se soient groupés dans ce but, plus tôt que les Suisses de la plaine, ceux-ci vivant, en général, au sein de la végétation la plus riche et la plus touffue. Pour nous les fromageries sociétaires ont dû être, de bonne heure, des institutions de *nécessité*; tandis que les Suisses de la plaine n'y auront été amenés que par leur *convenance*, à une époque plus récente, où les débouchés commerciaux, devenus plus nombreux, les auront mis en train, par l'appât d'une large rémunération.

Une autre circonstance milite en faveur de la vraisemblance de notre priorité : c'est la naïveté baroque de nos pratiques traditionnelles dans l'intérieur de nos fromageries, comparée aux arrangements beaucoup plus rationnels adoptés d'emblée par les associations de nos voisins. Ce contraste ressort nettement de l'examen comparatif des deux méthodes. D'un côté nous verrons une agglomération vieillote et pénible d'intérêts toujours plus ou moins divergents ; de l'autre, une association toute moderne et vraiment commerciale, de gens habitués à marcher à leur but par le plus court chemin.

III

Organisation routinière de nos fromageries.

Au début, ces associations plus ou moins spontanées n'ont probablement eu chez nous d'autre base et garantie que la bonne foi présumée de leurs membres. On se connaissait de longue main. On était toujours en présence pour se surveiller au besoin. A quoi bon des contrats écrits et une comptabilité régulière ? Et d'ailleurs, à ces époques d'ignorance, où trouver des écrivains? où trouver des comptables? De là aussi, je présume, l'adoption de cette naïve *taille* de bois qui dispense de tout effort calligraphique. De là aussi l'habitude de marquer chaque fromage du nom de celui des sociétaires à qui ce fromage est attribué. On était ainsi fixé sur la quantité de lait fourni, aussi bien que sur l'identité des fromages revenant à chacun. On se tenait pour satisfait. La taille de bois est connue partout, dans le service quotidien des boulangeries; seulement son usage dans nos fromageries est un peu plus compliqué. Ici cette taille se compose d'un gros bout et d'un petit bout. Quand le sociétaire est créancier d'une quantité de lait livré, il est nanti du gros bout, qu'on appelle la *haute taille*. Quand il redevient débiteur, il reprend le petit bout. Ainsi se différencient le *doit* et l'*avoir*.

Avec le temps, les difficultés intestines se sont produites. L'instruction élémentaire étant plus avancée, on a cherché à les prévenir, en rédigeant un acte de société quelconque. Ce premier pas vers une législation régulière accusait bien déjà l'insuffisance de la routine primitive, mais on gardait toujours dévotement la fameuse taille de bois et la marque nominative des fromages

Aujourd'hui, l'habitude des affaires s'est répandue partout. A quoi tient-il donc que l'organisation de nos fromageries ait si peu profité de ce progrès ? D'où vient que tel membre de société fromagère soit, en d'autres articles, un négociant habile pour son propre compte, et ne puisse réglementer convenablement cette simple agrégation villageoise, ni prévoir quelle solution ses litiges trouveront devant les tribunaux?

C'est qu'en ceci, l'homme le mieux intentionné se morfond à vouloir faire progresser une lourde machine réfractaire à tout progrès. C'est qu'en ceci, on procède sans méthode, sans principe, sans autres règles que des routines locales et des caprices personnels, routines et caprices contradictoires, arbitraires et versatiles par essence. Pour s'en convaincre, il suffit d'essayer l'inventaire des anomalies qui formillent dans la pratique de nos fromageries. Voyons un peu.

I. La fameuse taille de bois est censée un instrument de comptabilité merveilleux. Cependant, comme c'est le fromager qui attribue les bénéfices de la *haute taille*, c'est-à-dire le fromage que l'on va faire, à qui il veut, entre deux ou trois sociétaires crédités d'un apport de lait à peu près égal, il arrive souvent que l'écrémage du soir donne dix ou douze livres de beurre de plus que celui du matin, ou réciproquement. Si le fromager a à choisir entre un riche qui le régale, et un pauvre dont il n'a rien à espérer, est-il sûr que son choix sera toujours libre et équitable ? Il ne prévariquera pas, j'aime à le croire; seulement, pour plus de sûreté, j'aimerais mieux qu'il ne fût pas même exposé à la tentation.

Dans les fromageries qui closent leur exercice en automne, on dresse l'état de situation de toutes les tailles qui ne retrouveront l'exercice de leurs droits ou de leurs charges qu'au printemps. Les sociétaires qui se trouvent alors *en avance* ont fourni, pour cela, de l'excellent lait d'automne, qu'on leur rembourse avec du lait maigre de février. Où est ici l'équilibre?

II. La marque nominative des fromages semble une

garantie bien sûre de leur identité. Malheureusement on a des exemples que le fromager oublie cette opération si simple, et répare ensuite cet oubli d'un seul coup, sur une vingtaine de fromages au hasard? Qui prouve alors qu'il attribue bien à chacun ce qui lui appartient? Supposons maintenant un déchet par suite de mauvaise confection, ravages de souris, vol, ou incendie. Va-t-on en laisser la charge au titulaire nominatif? Ce serait absurde Force est bien alors de chercher un autre mode de répartition que la taille de bois et la marque nominative.

III. Dans la pratique actuelle, tout est au mieux pour les gros sociétaires, et au pire pour les petits, Supposons un pauvre, possesseur d'une seule vache. La fromagerie commence ses opérations en février. Le pauvre n'aura le fromage qu'au commencement de mai, époque où son *avoir* atteindra le minimum indispensable de trois hectolitres de lait. Son fromage ne sera pas prêt pour la pesée de juin. Il faudra donc qu'il attende jusqu'au mois d'août pour avoir droit à quelque argent, tandis que le riche a vendu des quantités de beurre depuis l'hiver, et a touché, en juin, le solde complet de ses fromages du premier trimestre. Ce n'est pas tout. Pour la confection de son fromage du mois de mai, on aura avancé au pauvre du lait inférieur de fourrages secs, et il le remboursera, en mai et juin, avec du lait d'herbages de première qualité. Cela est-il équitable?

IV. Dans la combinaison actuelle, les gros ont le droit de prendre, pour leur consommation personnelle, un ou deux fromages. Il en est qui, au lieu de les consommer, les revendent en ville, à gros bénéfice. Le pauvre regarde faire sans souffler mot; seulement, quand il aura besoin d'une livre de fromage, il la paiera 18 ou 20 sous chez l'aubergiste ou en ville, tandis que le sien se vend 11 et 12 sous en gros, à la fromagerie. Et de même pour le beurre. Le riche en vend chaque semaine, et le pauvre, dans l'impossibilité d'échelonner la production du sien, est obligé d'en acheter à grand prix tant que l'année dure. Ici, ce n'est pas le riche qui lèse le pauvre; c'est la défectuosité du système.

V. Le jour de la vente des fromages, il est d'usage que le marchand régale le comité administrateur de la fromagerie, c'est-à-dire les gros. Les petits regardent faire. A la pesée, le comité rend la politesse au marchand, mais, cette fois, aux frais de la société, c'est-à-dire que dans ce cas, les petits paient dûment leur part de l'écot, mais en continuant toujours à regarder faire.

VI. Qui forme le conseil délibérant de la fromagerie? qui engage le fromager? qui vend les fromages? Toujours les gros. On peut alléguer que l'identité des intérêts annulle les inconvénients de ce monopole. C'est possible; en tous cas, l'*opinion* du pauvre manque ici d'un mode d'expression régulier. Il est cependant telle fromagerie où les sociétaires à une seule vache sont en majorité.

VII. Les sociétés sages redoutent, à bon droit, un fromager marié, ou tout au moins, lui interdisent la proximité de son ménage, où s'engloutiraient bien des choses. Dans le cas où cette exclusion n'est pas observée, le fromager, gros bonnet du village, partage avec M. le curé les cadeaux traditionnels à l'époque où on saigne les cochons, etc. Chaque fois que les gros ont le fromage, ils ne manquent pas de l'inviter. Un convive de plus à leur table ne dérange rien à leur ordinaire. Le fromager est-il garçon, les gros blanchissent son linge à la lessive; les invitations vont de plus en plus grand train, et Dieu sait que ce glorieux coq du village ne se fait pas tirer l'oreille, surtout quand il s'agit de familles à jeunes filles.

Les pauvres ne saignent pas de cochons, aussi pas de cadeaux de boudin. Ils lavent leurs guenilles aussi discrètement qu'ils peuvent, aussi pas de blanchissage pour le fromager. Traiter celui-ci enfin, quand il a le fromage, devient pour le pauvre une assez lourde charge. — Il n'y est pas obligé. — Non, à la rigueur, mais l'usage est l'usage. Il faut bien faire comme les autres. Où est le fromager assez stoïque pour ne pas tenir un peu compte, même à son insu, et ne fût-ce que par simple politesse, de ces énormes différences?

VIII. La principale occasion de favoritisme de la part du fromager, c'est l'écrêmage. Il est de règle que l'on ne doit prélever que le plus épais de la crême. Qu'une riche commère, généreuse avec le fromager quand il est à sa table, prétende enfoncer l'écrêmoire jusqu'à la zône du lait bleu; est-il bien sûr qu'il osera lui dire : — Halte-là, madame. *Claudite rivos. Jam satis,* etc.

Le danger du favoritisme est si bien apprécié que, parfois, le réglement frappe d'une double amende le fromager et le sociétaire surpris à boire ensemble sous un prétexte quelconque. Trouvez-vous que ce soit là une amende bien honorable ?

IX. La contre-partie des faveurs, ce sont les vengeances. Que le fromager en veuille au sociétaire pour qui il travaille, il lui suffit d'une poignée de brindilles de trop sous la chaudière, pour faire partir cinq ou six livres de fromage par la cheminée, comme on dit. Le tour est d'une notoriété assez générale, pour que sa possibilité insaisissable soit à elle seule une condamnation suffisante du système tout entier.

X. Et quoi encore ? comme je tiens à n'aller qu'à la première dizaine de ce vilain chapelet qu'on pourrait continuer longtemps, je termine en indiquant, seulement pour mémoire, le bon bois sec fourni par les riches pour la confection de leur fromage, tandis que les pauvres n'ont que du bois vert et des épines qui font pester le fromager; puis, le fromage annuel, la crême quotidienne, offerts gaiment à M. le curé par les riches qui prélèvent cela sur le superflu, tandis que cela devient un sacrifice pour les pauvres qui ne peuvent cependant s'y soustraire, etc., etc.

Alléguer que ces misères-là ne se recontrent point partout, serait un vain subterfuge. Sont-elles *possibles?* Voilà la question, et cette question défie toute dénégation. Cela suffit. Voilà pour la fabrication. Quant à la vente, notre combinaison commerciale la plus savante est la vente au *confront.* Telle commune vend au prix, encore indéterminé, de telle autre. Qu'un marchand tienne ainsi en bride une dizaine de villages qui auront vendu au *confront* de la même commune, il n'aura qu'à user de ses grands moyens envers celle-ci, pour dominer le groupe tout entier. La vente au confront ! fameux nid à procès! Et puis, que le prix des fromages baisse avant la livraison, les marchands sont habiles à faire réduire le prix convenu, bien qu'ils ne pensent cependant guère à l'augmenter, dans le cas où la hausse intervient à l'improviste. Après les inconvénients de la vente, viennent ceux de la pesée. Tels propriétaires ne veulent pas livrer leurs fromages, ou tels marchands tardent de longs mois de prendre livraison, ce qui frustre les vendeurs de l'intérêt de leur argent, et prolonge les soins à donner à la marchandise. Quelques marchands, au lieu de peser à pleine balance, ne précèdent que par trois ou quatre pièces, afin de multiplier d'autant leurs *bons poids*, qui sont parfois de deux kilos par quintal métrique. Fabrication sans méthode et vente sans garantie positive, les deux font la paire.

A ces quelques détails on voit combien nos sociétés fromagères sont peu de véritables associations. Eh bien, malgré ce tissus de divergences, de routines, de privilèges et d'antagonismes, les choses s'y passent cependant à peu près à la satisfaction générale, tant que l'improbité flagrante n'y dresse pas ses cornes, aussi l'administration serait-elle malvenue à vouloir, *d'autorité*, transformer tout cela. — De quoi vous mêlez-vous? lui répondrait-t-on. Tant que nous ne vous demandons rien, laissez-nous tranquilles. Les vignerons font leur vin à leur guise. Qu'il en soit de même de nos fromages. — Si l'administration ne peut rien en tout ceci, par voie impérative, voyons du moins comment on pourrait y intervenir à titre de conseil. Autant nos fromageries d'ancienne date resteraient probablement récalcitrantes, grâce surtout à l'opiniâtreté des femmes; autant les sociétés en formation ou en projet pourraient se montrer dociles, puis, dans la mesure du possible, on s'en rapporterait pour les suites à la contagion du bon exemple.

IV

Comment nos fromageries pourraient être organisées.

En sus des fromageries personelles de montagne où

toutes les vaches appartiennent au même fabricant, on en trouve d'autres également dans quelques villages de la Suisse et du Haut-Jura, qui n'ont rien de commun non plus avec le principe sociétaire. Dans celles-ci tout le lait des habitants est acheté à forfait par un seul fabricant qui confectionne et vend à ses risques et périls. De ces fromageries-là, non plus, nous n'avons à nous occuper.

Supposons maintenant un village de la plaine dont les habitants possèdent environ quatre-vingts vaches. Qui les empêche de se dire : — Nous allons constituer entre nous une association fromagère sur les bases suivantes :

I. Nomination de la gérance par tous les associés, le suffrage universel étant devenu le seul principe fixe de notre droit moderne.

II. Renouvellement de la gérance à courte échéance; tous les deux ans peut-être, de manière à ce que chacun y passe à tour de rôle. Mettre à l'œuvre les mécontents, c'est souvent le meilleur moyen de leur fermer la bouche.

III. Une fois le lait livré, il est inscrit, non plus sur des tailles de bois, mais sur des livrets où sont établis, en compte-courant, le *doit* et l'*avoir* de chaque sociétaire. Dès lors ce lait n'appartient plus qu'à la société, avec toutes ses conséquences, crême, beurre, fromage, brèche, petit-lait, etc.

IV. Le fromager n'est plus l'homme de tels et tels. Il est l'agent de la société. Il peut dîner ou faire la cour où il veut. Son honorabilité est à l'abri de toute malveillance.

V. Plus de marque nominative des fromages qui appartiennent proportionnellement à tout le monde. Dès lors plus d'intrigues funestes ; plus de préférences ou de vengeances possibles. Les cadeaux deviennent d'autant plus gracieux qu'ils sont complètement libres, et ne provoquent plus de tentations dangereuses.

VI. Le combustible fourni à l'année par adjudication. Le luminaire de même. Les cendres vendues au compte de la société.

VII. Le beurre est fait au châlet pour le compte de

la société qui avise à le confectionner le mieux possible et à le vendre idem. Avec des éléments de choix comme les nôtres, n'est-il pas étrange que nos beurres soient réputés des plus mal faits de France ? Le sociétaire qui veut du beurre en prend au châlet, où il est inscrit à son passif ; de même la crême et tout ; de même le fromage en détail, une pièce entamée étant toujours là au service des sociétaires.

VIII. Au suffrage universel les grandes décisions : engagement du fromager, vente des fromages, exclusion des fraudeurs, etc.

IX. Le châlet, propriété communale, est, comme tel, amodié par la société. La rigueur du principe voudrait que ce châlet fût bâti, comme c'est le cas, en certains endroits, aux frais des sociétaires, mais ici, une dérogation locale serait de mince importance.

X. Extrême facilité des réglements de compte, puisqu'il ne s'agit plus que de faire la balance du *doit* et de l'*avoir* de chacun. Les pauvres tirent leur part proportionnelle d'argent à chaque pesée, si mieux ils n'ont aimé tout recevoir au fur et à mesure, en nature.

Voilà les principes généraux. Supposons un groupe d'hommes sensés, ayant à opérer sur un terrain neuf, libres des préoccupations du passé, et à la hauteur des nécessités générales de l'époque, je les mets au défi d'organiser une société fromagère sur d'autres bases que celles indiquées ci-dessus.

— Utopie ! me répondrez-vous peut-être. — La preuve que ce n'est pas là une utopie, c'est qu'en Suisse, les fromageries sociétaires ne sont pas constituées autrement. Il en est de même de la fromagerie de Parroy, canton de Quingey (Doubs), à deux lieues de Salins. Il en est de même enfin, des nombreuses fromageries organisées en 1848, dans la vallée de Gueyras (Hautes-Alpes), par l'initiative de M. Guérin, maire d'Aiguilles.

Quant à l'absurde vente au *confront*, elle est inconnue en Suisse, et même dans bon nombre de nos villages du Haut-Jura. En Suisse, les ventes se font à jour fixe, dans des espèces de *Bourses fromagères* qui se tiennent au chef-lieu du district. Là se réunissent vendeurs et acheteurs, et les prix courants s'établissent d'après l'offre et la demande, comme cela se fait ailleurs pour les blés, les huiles ou les cotons; les acheteurs de fromages ayant eu soin de se renseigner au préalable sur la qualité des produits respectifs. Les mêmes bourses fromagères se tiennent aussi annuellement dans quelques localités de notre Haut-Jura, à Mouthe, à Jougne, à Nozeroy, etc. Dans les Hautes-Alpes, le système de vente offre une autre variété. Là les fromageries donnant des qualités similaires, sont organisées d'ensemble en syndicat, et, au moyen de représentants immédiats, vont vendre directement leurs produits sur les grands marchés, Paris, Lyon, Marseille, etc., sans se faire concurrence.

L'organisation syndicale des fromageries des Hautes-Alpes y facilite, à ce qu'il paraît, la création d'une caisse de crédit agricole, laquelle fait des avances aux sociétaires qui en ont besoin. M. Wladimir Gagneur doit avoir essayé quelque chose d'analogue dans la fromagerie de Bréry, près de Poligny. Cette institution est certainement fort digne d'encouragement, mais comme elle n'est pas absolument indispensable à la bonne réglementation spéciale d'une fromagerie, telle que nous cherchons à l'indiquer, nous n'insistons pas sur ce point accessoire.

V

Juridiction fromagère.

Maintenant, qu'une difficulté surgisse dans les affaires d'une fromagerie, à quelle juridiction s'adresser pour en obtenir la solution régulière? Dans le canton de Berne, l'acte de société de la fromagerie porte ordinairement que tout doit se terminer par devant le comité directeur de l'association. En France, nous n'en sommes pas là; sauf, me dit-on, aux environs de Poligny, où l'acte de société de plusieurs fromageries admet d'avance la compétence absolue du comité directeur. Dans le nombre figurent spécialement, Clucysur-Salins et Vers-en-Montagne, sans compter beaucoup d'autres localités..... Voilà des gaillards qui savent trouver *le joint* du problème ! En tous cas, il est évident que dans ces sortes de procès, le point le plus important et le plus difficile, c'est l'exacte appréciation des faits. Une fois les faits bien établis, les conséquences juridiques deviennent faciles à déduire. Que l'affaire arrive devant un tribunal officiel, celui-ci commence par ordonner une enquête qui en traîne des frais et des lenteurs à n'en plus finir.

On obvierait à ces divers inconvénients, en appliquant à nos fromageries l'institution paternelle des prudhommes. Admise l'hypothèse d'un groupe syndical de fromageries donnant des produits de qualités à peu près égales, dont le centre serait le chef-lieu de canton, par exemple, les prudhommes de ce groupe pourraient être choisis parmi les présidents des diverses fromageries. En cas de litige sur un point de l'agglomération, les plaideurs comparaîtraient d'abord sans frais, soit au lieu même du litige, soit au chef-lieu de canton, devant ce tribunal des prudhommes, gens experts dans l'espèce, qui, par leur sagesse et leur autorité pratique, obtiendraient de fréquentes conciliations, et qui, dans le cas où ils ne pourraient concilier les parties, dresseraient du moins des rapports si lumineux, que les tribunanx ultérieurs ne manqueraient pas d'en faire la base de leur sentence. Quels seraient ces tribunaux ultérieurs? Comme les sociétés fromagères, telles que nous les supposons ci-dessus, seraient de véritables *sociétés commerciales en participation*, leurs litiges arriveraient de plain-pied et de plein-droit aux tribunaux de commerce, ce qui dispenserait nos légistes de la peine de formuler un projet de lois spéciales à nos fromageries à soumettre au conseil d'Etat, pour que celui-ci leur donnât place dans le code rural qu'il va présenter au Corps-législatif. Après l'utopie de l'organisation, voilà aussi l'utopie de la juridiction, telle que je l'indiquais dans la *Franche-Comté* du 25 novembre 1864. Or, dans le même journal du 15 août suivant, la commission, en dressant, sous forme interrogative, la liste des points de détail qu'elle se proposait d'examiner, y comprenait précisément toutes les principales données du mécanisme ci-dessus. Voyons plutôt :

Art. 6. — La Société ne sera-t-elle pas propriétaire du lait, au moment de sa livraison à la fromagerie, de la crème, du beurre, du fromage, du serret et de tous les produits du laitage sans exception? Ne devrait-on pas, en conséquence, supprimer la *haute taille*, la marque nominative des fromages, et décider que le combustible et le luminaire du chalet seront achetés par les administrateurs pour le compte de la Société, ou fournie à l'année par adjudication?

Art. 7. — Convient-il de subtituer le livret à la taille, pour la constatation des versements de lait de chaque associé?

Art. 16. — La nomination des gérants se fera-t-elle au scrutin secret? Le vote sera-t-il individuel, ou proportionné à la quantité du bétail? Ne conviendrait-il pas que les sociétaires fussent gérants à tour de rôle?

Art. 21. — Les gérants statueront-ils comme arbitres amiables compositeurs, sans appel ni recours, sur toute contestation entre associés, pour faits sociaux? En cas de négative, quelle sera la juridiction compétente? Les tribunaux civils? de commerce? les juges de paix? les prud-hommes?

Art. 36. — Inconvénients de la vente au *confront*? Serait-il opportun de créer des syndics cantonaux choisis parmi les administrateurs des diverses fromageries de la circonscription, et chargés d'indiquer, à titre de renseignements utiles, les cours moyens des prix, d'après les différentes qualités de production.

A ces curieuses interrogations, ajoutons la constatation suivante, extraite du rapport final publié par la commission, le 30 août 1865:

Le système suisse, qui rend l'association propriétaire individuelle du lait, dès qu'il est arrivé à la fromagerie, et de tous les produits qui résultent de la fabrication, système qui paraît plus rationnel et pratiquement préférable, et qui, par cette raison, doit être encouragé, tend depuis quelques années à se substituer au mode précédemment suivi ; il est adopté dans toutes les nouvelles fromageries.

D'après les précédents extraits, il est facile de voir combien, au fond, les appréciations théoriques de la commission sur ce qu'il y aurait à faire, se rapprochent de ce que j'ai dit plus haut; seulement, étant chargée de formuler un projet de loi autoritaire qui coordonne les usages routiniers de nos anciennes fromageries, la dite commisson pose les interrogations sans y répondre, tant elle a conscience que la solution officielle de ces problèmes dépasse la portée de son mandat. Discrétion éloquente s'il en fût, et dont je m'empresse de prendre acte au profit de ma thèse.

Dès 1864, en faisant l'inventaire de nos routines

fromagères, je dénonçais l'impossibilité de les codifier. Nous verrons tout-à-l'heure combien peu les conclusions de la commission m'ont donné tort.

Cette prétention de codification m'étonnait, du reste, comme reposant sur une erreur de principes qui me semblait radicale. Il ne s'agit de rien moins ici, en effet, que d'obtenir une loi *franc-comtoise* sur nos fromages de Gruyère. A la première demande que nous lui en adresserons, est-il bien sûr que le Corps législatif ne nous fermera pas vite sa porte, en se pinçant le nez, tant il aura peur de voir arriver à la file, avec des prétentions locales analogues, tout l'odorant cortège des fromages de Brie, de Roquefort, de Langres, etc.?

Il est d'usage, dans notre pays, de parler de nos fromageries comme d'une chose si mystérieuse, qu'on dirait qu'il faut être sorcier pour en comprendre le mécanisme. Il suffit cependant d'y regarder de près, pour reconnaître qu'en ceci la difficulté de voir clair tient exclusivement au tohu-bohu des routines internes que je combats, et nullement à la profondeur scientifique de nos pratiques surannées.

La commission se composait de MM. Loiseau, premier président de la Cour impériale, Munier, médecin à Foncine, Grillon, président du tribunal à Vesoul, Bourquart, maire et notaire au Russey, Buffet, président du tribunal à Pontarlier, Chauvin, procureur impérial à Besançon, Carrey, propriétaire à Mouthe, Loiseau, notaire à Pontarlier, Monnot-Arbilleur, propriétaire à Besançon, Thiébaut, maire de Mouthe, Mille, maire de Boussière, et Oudet, avocat à Besançon.

Après trois séances, cette commission a donné les conclusions suivantes :

Projet de dispositions législatives.

Art. I.

Les associations fromagères ou fruitières, établies dans les départements de l'Est pour la fabrication des fromages dits de Gruyère, sont des sociétés civiles et d'une nature spéciale.

Elles se constituent avec ou sans écrits, sont représentées vis-à-vis des tiers et en justice par leurs gérants, et peuvent être prouvées par témoins.

Art. II.

Il est défendu de déroger par des conventions particulières aux usages énumérés ci-après, et qui doivent être considérés comme essentiels aux Sociétés de cette nature.

1° Dans les localités des hautes montagnes, où, pour l'exploitation des terres, la nécessité a fait établir et maintient des fromageries dans l'intérêt de la généralité des habitants, chacun d'eux a droit de faire partie de l'association.

2° Dans celles des localités ci-dessus déterminées, où il existe plusieurs fromageries divisées par circonscriptions ou quartiers, l'habitant d'un quartier ne peut, sans cause grave, passer en aucun temps dans la fromagerie d'une autre circonscription.

3° La Société se proroge tacitement, et de fait chaque année. Tout associé a la faculté de se retirer à la fin de la campagne.

4° Le décès ou la retraite de l'un des associés ne met pas fin à l'association. L'associé qui, pour quelque cause que ce soit, se retire ou est exclu, perd ses droits à la copropriété du châlet et du mobilier d'exploitation. S'il rentre ultérieurement dans l'association, il n'a plus à payer une contribution nouvelle pour le fonds commun.

5° La licitation ou le partage du châlet et du mobilier d'exploitation ne peuvent être provoqués par aucun des intéressés, tant qu'il existe un nombre suffisant d'associés faisant fruitière.

6° Les altérations de lait et autres fraudes dans l'exécution des engagements sociaux peuvent entraîner, en outre des dommages-intérêts, l'exclusion temporaire et même définitive, suivant les cas.

En comparant ces conclusions avec les longues critiques de détail que j'ai ébauchées plus haut, on voit que la commission a été fort réservée dans son ingérence, puisqu'elle s'en tient à quelques arrangements extérieurs de l'organisation routinière de nos fromageries. Si modestes que soient ses conclusions, essayons cependant d'en examiner l'esprit et la portée.

Nos fromageries sont des *sociétés civiles*, dit l'art. I. Malheureusement, ajoute le rapport préalable de la commission, l'application stricte des règles du droit civil leur serait *funeste sinon impossible*; de là, la nécessité d'aviser. Cela promet.

En effet, dans un procès de fromagerie, en 1842, la Cour de Besançon s'est prononcée en dérogation aux doctrines du code civil ; sauf à se prononcer, dans le même cas, en sens inverse, trois ans après. Une fois lancé en plein chaos, on voit qu'il n'est pas facile de se retrouver.

Dans les localités *des hautes montagnes*, dit l'art. II,

où il existe plusieurs fromageries, l'habitant d'un quartier, ne peut passer, *sans cause grave*, dans la fromagerie d'une autre circonscription.

Nous trouvions tout-à-l'heure étrange l'espoir d'obtenir du Corps législatif, une loi *franc comtoise*. Cet article II aggrave encore cette énormité, en réclamant une loi pour les *hautes montagnes*, sous prétexte que, dans les hautes montagnes, les fromageries sont des *nécessités*, tandis que dans la plaine, elles ne sont que des *utilités*. La commission semble méconnaître ici une tendance qui se prononce de plus en plus dans la plaine, et qu'on ne saurait trop encourager, à abandonner les céréales en faveur des herbages, c'est-à-dire, en faveur des fromageries, ce qui effacera bientôt, en l'espèce, les différences par lesquelles on essaie de justifier cette distinction.

Quant à parquer de force un sociétaire dans un quartier quelconque, c'est là une prétention dont, à l'occasion, les intéressés trouveront toujours aisément le moyen de s'affranchir, s'ils ne se sont pas engagés spécialement par leur signature. L'énormité de la prétention est bien accusée d'ailleurs par cette restriction : — *sans cause grave*. Les cas, dits de force majeure, tels que mortalité sur le bétail, foire franche obligée, étant toujours admis sans conteste, n'ont pas besoin d'être réservés par la loi; mais, hors ces cas-là, qui décidera, si la cause est assez grave, pour rendre sa liberté au sociétaire récalcitrant? Le tribunal civil. Comme ici la restriction sape dans sa base le principe général, il en résultera virtuellement que toute l'affaire pourra se trouver remise à la discrétion du tribunal, abstraction faite du dispositif de la loi, ce qui rend celle-ci superflue.

Dans la pratique, nos paysans sont plus jaloux que cela de leur liberté. Je sais telle fromagerie à laquelle un arrêt de la Cour de Besançon imposait l'obligation de recevoir un sociétaire, dont la société ne voulait pas. Qu'ont fait les récalcitrants? Ils se sont donné le mot pour aller tous porter leur lait dans un village voisin. Qui pouvait les en empêcher? Personne; aussi le réprouvé a-t-il fini par mettre les pouces.

Ce que cette Société a fait ici dans un sens, le sociétaire isolé pourrait le faire aussi dans un autre. A cet égard, on n'a pas à se mettre en souci sur l'ingénérosité des moyens.

Quant aux autres dispositifs du projet, leur codification mettrait peut-être à l'aise, sur ces points traditionnels de pratique usuelle, les tribunaux civils à qui les fromageries iraient porter leurs litiges y relatifs; notons seulement que, se réglant déjà en ceci d'après le sens commun, la plupart de nos fromageries — celles du moins qui ne tranchent pas la difficulté d'emblée, en stipulant l'autorité suprême de leur comité directeur, — s'habituent de plus en plus à porter leurs procès commerciaux devant les tribunaux de commerce, en laissant leurs délits suivre leur pente naturelle vers le tribunal correctionnel. De cet ensemble on peut donc conclure, en principe, qu'il est de plus en plus douteux que le Corps législatif prête l'oreille à cette demande d'une loi spéciale à nos hautes montagnes, et, subsidiairement, que cette loi obtenue deviendrait à peu près inutile : ce qui nous autorise à terminer par cette proposition qui a été notre point de départ :

— Il n'y a rien à faire, pour nos fromageries, par voie impérative.

En résumé, si vous tenez pour la taille de bois et la marque nominative des fromages, résignez-vous philosophiquement au gâchis qui en est la conséquence obligée.

Si, au contraire, vous croyez à la supériorité du livret et de ses corollaires tels que nous les avons utopiquement indiqués plus haut, dressez le programme lucide de cette utopie; lancez ce programme dans la circulation, en annonçant que vous accorderez telle grosse prime en argent aux premières fromageries, anciennes ou nouvelles, qui l'adopteront; hors de là, vous perdrez votre latin.

Salins, le 20 septembre 1866.

FIN.

Typ. H. Damelet, à Lons-le-S. — 1847-66.

LETTRES SALINOISES

à M. de Grimaldi.

Seconde édition augmentée (à paraître).

PRIX : 20^c CENTIMES.

www.ingramcontent.com/pod-product-compliance
Lightning Source LLC
LaVergne TN
LVHW050509160826
845677LV00003B/1032

* 9 7 8 2 3 2 9 6 2 8 7 0 7 *